André Mampuya

Investigação das vibrações laterais no grupo turbina-gerador 5

André Mampuya

Investigação das vibrações laterais no grupo turbina-gerador 5

da central hidroelétrica de inga 2

Imprint

Any brand names and product names mentioned in this book are subject to trademark, brand or patent protection and are trademarks or registered trademarks of their respective holders. The use of brand names, product names, common names, trade names, product descriptions etc. even without a particular marking in this work is in no way to be construed to mean that such names may be regarded as unrestricted in respect of trademark and brand protection legislation and could thus be used by anyone.

Cover image: www.ingimage.com

This book is a translation from the original published under ISBN 978-620-8-11740-5.

Publisher:
Sciencia Scripts
is a trademark of
Dodo Books Indian Ocean Ltd. and OmniScriptum S.R.L publishing group

120 High Road, East Finchley, London, N2 9ED, United Kingdom
Str. Armeneasca 28/1, office 1, Chisinau MD-2012, Republic of Moldova, Europe
Printed at: see last page
ISBN: 978-620-8-21532-3

Introdução

A central hidroelétrica de Inga 2, situada no rio Congo, é um pilar fundamental da produção de eletricidade na República Democrática do Congo. Entre as suas unidades, o gerador da turbina Nº 5, capaz de produzir até 162 megawatts, teve problemas de funcionamento relacionados com o sobreaquecimento do seu pivot, depois de ter funcionado durante mais de 245.000 horas sem grandes revisões. Este artigo centra-se num estudo aprofundado das vibrações laterais desta unidade após a correção do seu alinhamento.

Vibrações excessivas em grupos turbina-gerador podem comprometer a fiabilidade e o desempenho de sistemas hidroeléctricos, levando a falhas prematuras e a flutuações indesejadas na rede eléctrica. Através de uma análise comparativa das amplitudes medidas em relação às normas internacionais, o nosso objetivo é determinar as causas destas vibrações e melhorar o desempenho da central.

Este estudo, realizado em condições estáticas e dinâmicas, permitirá uma melhor compreensão dos fenómenos mecânicos e hidráulicos envolvidos e fornecerá recomendações para uma gestão optimizada das vibrações. Ao assegurar o bom funcionamento do gerador da turbina Nº 5, estamos a contribuir para o fornecimento sustentável de eletricidade limpa a partir da central eléctrica de Inga 2.

CAPÍTULO 1. INFORMAÇÕES GERAIS SOBRE OS GRUPOS TURBINA-ALTERNADOR DA CENTRAL HIDROELÉCTRICA INGA 2

I.1. INTRODUÇÃO

A central hidroelétrica de Inga2 [Ver Fig. I-2] pertence à Companhia Nacional de Eletricidade (SNEL). Está situada no sítio de Inga, no oeste da República Democrática do Congo, no curso inferior do rio Congo, 50 km a montante do porto de Matadi, na província do Kongo Central [15,16].

Está situada nas margens do rio Congo, na margem direita, a jusante da sua curva. É abastecida a partir da albufeira de Shongo por um canal de adução de 600 metros de comprimento, parte do qual é construído com uma barragem de gravidade e o resto é escavado na rocha no local [15,16].

A central hidroelétrica de Inga 2, em funcionamento desde 1982, é constituída por 8 grupos "Turbina-Alternador" de eixo vertical, com uma potência unitária máxima de 178 MW cada, para uma potência total de 1424 MW. A central hidroelétrica foi construída em 2 fases, da seguinte forma [15,16]: A primeira fase incluiu a construção do canal de adução, a barragem de tomada de água, a engenharia civil de toda a central, a estrutura de reabilitação, os grupos 1 a 4, os auxiliares gerais da central e a subestação de alta tensão [15,16]. As empresas ACEC-CHARLEROI (Bélgica), WHESTINGHOUSE (EUA) e Voest (Áustria) desempenharam o papel de construtores-montadores dos equipamentos dos quatro (4) primeiros grupos (G21, G22, G23 e G24) identificados como os grupos Inga 2A [15,16].

A segunda fase incluiu o fornecimento de equipamento e a montagem dos grupos 5 a 8. As empresas SIEMENS (Alemanha) e NEYRPIC-ALSTHOM (França) desempenharam o papel de construtores-montadores do equipamento dos últimos quatro (4) grupos (G25, G26, G27 e G28) identificados como os grupos Inga 2B na figura I-1[15,16].

Fig. I-1 : A central hidroelétrica de Inga II em curso de montagem no Zaire [16]

Quadro I.1 : Caraterísticas principais da central [15,16]

Altura da rampa líquida [m]	51,20	56 ,20	62,50
Potência unitária da turbina de braço [MW]	142	162	178
Velocidade de rotação para cada grupo [tr/min]	107,14		
Potência aparente nos bornes de um alternador [MVA]	205		
Potência instalada total máxima [MW]			
Início do estádio	712		
Final do Stade	1424		

Figura I-2: Fotografia da central hidroelétrica de Inga 2

Do ponto de vista da engenharia civil, a instalação é composta por duas unidades distintas: a estrutura de captação e a central eléctrica propriamente dita. A sua ligação é efectuada através de condutas forçadas [15,16]. Na estrutura de tomada de água, a água destinada a cada turbina é retirada do canal de adução através das grelhas e entra em duas comportas de betão. Estas, pela convergência das suas paredes, aceleram a água antes de a fazer entrar na comporta. Na cabeça da conduta, uma válvula de duas partes, uma por comporta, protege as estruturas a jusante. Uma ensecadeira permite a sua revisão [15,16].

O nível no canal de alimentação pode variar dentro de limites bastante amplos, ou seja, de 144,40 m a 157 m. No entanto, em funcionamento nominal, situar-se-á entre 149 m e 154,30 m quando os 8 grupos estiverem em serviço [15,16].

Na tomada de água da turbina, um outro conjunto de ensecadeiras isola-a do nível da água a jusante, que varia entre 86,20 e 105,20 m, consoante o caudal do rio [15,16].

O edifício da central eléctrica é composto pela casa das máquinas, as duas áreas de montagem e o edifício de controlo. Na casa das máquinas, com 216 m de comprimento e 30 m de largura, os 8 grupos estão alinhados a uma distância central de 27 m [15,16].

A zona principal de montagem dos grupos utiliza igualmente dois vãos de 27 metros. Na fase final, está prevista uma segunda área, mais pequena, na outra extremidade da casa das máquinas. Desde as fundações até à cobertura, a central eléctrica ocupa uma altura de 60 m, três quartos dos quais são subterrâneos.

Os 4 grupos da primeira fase da central de Inga 2 estão localizados dois a dois, em poços independentes, com paredes de separação até ao nível 106,10 m, de modo a que apenas dois grupos sejam afectados em caso de fuga acidental de água. Mas os da segunda fase estão localizados um a um, de forma independente, e apenas um será afetado na Figura I-3.

Além disso, existem os transformadores principais (16/220 kV), que estão instalados no nível 108 a montante do edifício da central, numa plataforma construída sobre a parte enterrada dos condutos forçados. Podem ser trazidos de volta para a zona de montagem para um eventual desmagnetização.

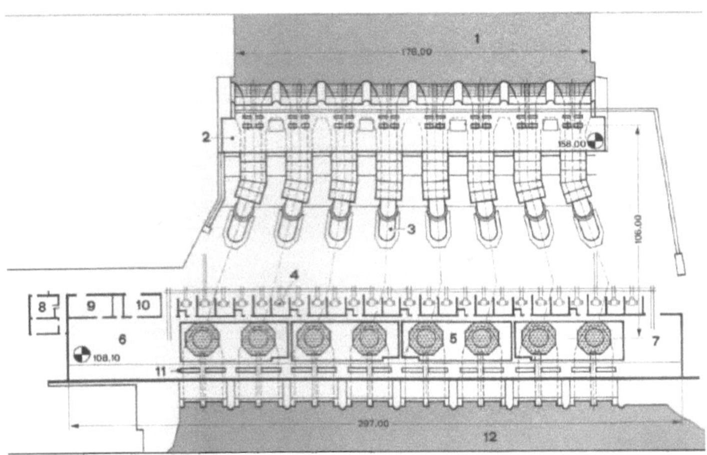

Fig. I-3: Disposição em planta da central e dos orifícios de captação de água [16]

Légende :

- 1= caixa de carga; 2= aparelho de pressão; 3= condutas forçadas;
- 4= transformadores monofásicos ; 5= sala de máquinas ; 6= ar de montagem ; 7= ar secundário de montagem ; 8= casa de comando ; 9= auxiliares gerais ;
- 10= atelier ; 11= Batardeaux aval ; 12= restitution au fleuve.

II.2. A BACIA DO CHARGE (BMC) E AS SUAS BARRAGENS

Esta bacia é o reservatório de retenção de água, no sopé do qual se encontram as comportas que abastecem os grupos de plantas, incluindo o grupo 5, onde se centra o nosso trabalho [15,16].

II.2.1. PRINCIPAIS CARACTERÍSTICAS DA BACIA DE CARGA

O empreendimento inga 2 [Fig. I-4] é abastecido de água pela albufeira de Shongo (no sopé da qual se encontra a central eléctrica de Inga1) graças a um canal de adução situado na extremidade direita da barragem de Shongo [15,16].

As barragens que constituem o empreendimento Inga 2 são em número de quatro (4), ou seja, progridem de montante para jusante [15,16] :

- Barragem n.º 1 situada no prolongamento da barragem de Shongo;
- Barragem n.º 2, que fecha a albufeira na margem direita;
- Barragem n.º 3, que fecha a albufeira na margem esquerda e
- A barragem principal é também designada por estrutura de entrada.

As três (3) estruturas secundárias (barragens n.º 1, n.º 2 e n.º 3) são do tipo gravidade em betão, enquanto a barragem principal é feita com contrafortes, e o volume retido por esta bacia é superior a 500.000 m^3 de água [15,16].

Fig. I-4: Face da bacia de carga do INGA 2

II.2.2. A BARRAGEM PRINCIPAL (ESTRUTURA DE ENTRADA)

É a estrutura de retenção que se opõe perpendicularmente ao fluxo de água no canal de abastecimento desenvolvido. A altura da barragem excede o nível de água atingido pelo canal de água durante os períodos de grandes cheias [15,16].

Esta barragem tem três efeitos caraterísticos [15,16] na figura I-5:

- A criação de um reservatório ou de uma bacia ;
- A elevação do plano do canal de abastecimento e ;
- A regulação das contribuições do canal de abastecimento.

A barragem principal de Inga 2 é constituída por oito blocos de 22 m de largura e uma altura máxima de 37 m. Cada bloco é formado por dois contrafortes trapezoidais ligados entre si por uma divisória muito espessa; esta é atravessada pela conduta adutora que abastece o grupo situado no sopé da barragem [15,16].

O véu de injeção executado sob o pé de montante da barragem foi realizado através da injeção de calda de cimento disposta em duas linhas paralelas [15,16].

A jusante deste véu foi implementado um sistema de drenagem; a água é recolhida na galeria de drenagem e inspeção [15,16].

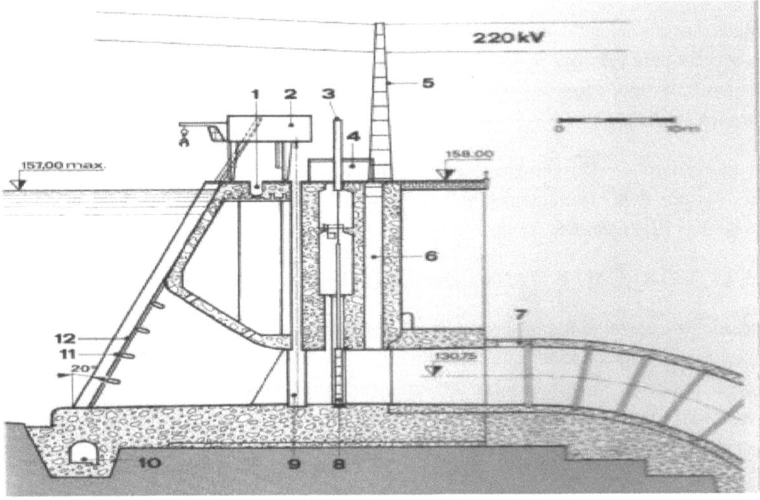

Fig. I-5: Secção transversal na entrada de água [16]

Legenda:

- 1 = canal de descarga; 2 = ecrã; 3 = servomotores da porta de carga; 4 = cabina de comando da porta de carga (posto de oleodinâmica);
- 5 = pilão de alta tensão; 6 = respiradouro; 7 = câmara de visita; 8 = portão de cabeça.
- 9 = ranhura da ensecadeira; 10 = galeria de drenagem; 11 = madres; 12 = grelhas.

I.2.3. GRELHAS DE ENTRADA

Estão situados à entrada da estrutura de entrada. O seu objetivo é evitar que grandes corpos flutuantes (plantas aquáticas, troncos de árvores, etc.) entrem nas turbinas [15,16].

Em carga, a velocidade da água à entrada da estrutura de entrada é de cerca de 1 m/s com uma secção de aproximadamente 350 m2, e atinge 6 m/s na comporta de 8 metros de diâmetro. A baixa velocidade à entrada limita as perdas de carga devido às grelhas [15,16].

Cada grelha é constituída por 100 painéis com cerca de 3,90 m de altura, cada um composto por 4 a 6 barras de secção 150*12 mm, ligadas entre si por espaçadores cilíndricos soldados [15,16].

I.2.4. RANHURAS DAS ENSECADEIRAS A MONTANTE

I.2.4.1. PAPEL E DISPOSIÇÃO

Os sulcos das ensecadeiras estão situados logo a seguir às grelhas de tomada de água; estes sulcos servem para localizar as ensecadeiras para a estanquidade da comporta e das estruturas hidráulicas do grupo, a fim de poder efetuar inspecções, trabalhos ou desmontagens com toda a segurança [15,16].

Estas ensecadeiras estão situadas diretamente a montante da válvula de cabeça. São constituídas por dois (2) elementos sobrepostos (inferior e superior) por comporta. O grupo dispõe de dois (2) colectores, sendo o total do grupo de quatro (4) ensecadeiras [15,16].

I.2.4.2. CONSTRUÇÃO E MANUSEAMENTO DOS CAIXOTÕES A MONTANTE

A ensecadeira é constituída por uma caixa de perfis de aço coberta a montante por uma chapa de revestimento que evita o entupimento ou o assoreamento das caixas. A orientação é assegurada por rolos que rolam sobre os carris. Na última parte da descida, as cunhas aplicam a ensecadeira contra os seus apoios; esta é baixada em águas mortas e nenhuma pressão diferencial actua para a colocar no lugar [15,16].

A movimentação dos elementos da ensecadeira é efectuada pelo gancho de 10 toneladas da ponte pórtico de montante. Uma barra de expansão permite o engate automático debaixo de água. Uma parte do elemento superior, formadora de by-pass, equilibra as pressões. Esta é fechada por uma tampa estanque que a barra de expansão levanta antes do início da elevação efectiva da ensecadeira [15,16].

I.2.5. A VÁLVULA DE CABEÇA E O POSTO DE CONTROLO OLEODINÂMICO

I.2.5.1. A VÁLVULA DE CABEÇA

É colocado à entrada da comporta para garantir a segurança em caso de rutura da tubagem ou de não fecho do distribuidor da turbina [15,16].

A válvula de cabeça é composta por dois (2) elementos independentes, também designados por aventais ou simplesmente válvulas, do tipo vagão, destinados a fechar cada uma das duas comportas de 3,70 m por 7,50 m que alimentam o grupo [15,16].

Cada elemento ou válvula é constituído por uma caixa de perfis de aço revestida, a jusante, por uma chapa de revestimento [15,16].

I.3. A ESTAÇÃO OLEO-DINÂMICA

I.3.1. O PAPEL E A CONSTITUIÇÃO

É nesta estação que se encontra o circuito oleodinâmico de controlo da válvula de cabeça; este circuito assegura o controlo (abertura, fecho e recuperação de fugas) da válvula de cabeça por meio dos servomotores [15,16].

A estação oleodinâmica é constituída essencialmente por um depósito de óleo (cisterna), duas electrobombas e vários acessórios hidráulicos necessários ao bom funcionamento de todo o circuito: válvulas anti-retorno, válvulas de alívio, filtros de óleo, electroválvulas, limitadores de pressão, válvulas de travagem, interruptores de fim de curso, tubagens, etc [15,16].

A estação oleodinâmica controla os dois aventais que constituem as válvulas da cabeça por meio de servomotores ou cilindros de pressão de óleo de ação simples. O fecho da válvula da cabeça é efectuado por gravidade, sendo o amortecimento assegurado por certos componentes do sistema ou circuito oleodinâmico [15,16].

I.3.2. PRINCÍPIO DE FUNCIONAMENTO E CONTROLO DA VÁLVULA DE CABEÇA

A válvula de cabeça é aberta em duas fases [15,16]:

- A primeira é feita com uma bomba de baixo caudal mas de alta pressão; assegura, a uma velocidade de aproximadamente 0,25 m/min, uma subida de 10 cm, ou seja, a "abertura de bypass" da válvula de cabeça; isto para criar um equilíbrio de pressão entre os dois lados da válvula;
- A segunda é feita com uma bomba de caudal elevado mas de baixa pressão, que entra em ação, se todas as condições estiverem reunidas, automaticamente quando a sua pressão de elevação desce para 70 bar, ou seja, depois de encher a tubagem até atingir o equilíbrio de pressão em ambos os lados da válvula. Uma vez equilibradas as pressões, o movimento prossegue mais rapidamente a uma velocidade estimada de 2 m/min.

A válvula é mantida na posição aberta pela pressão do óleo no cilindro. Se, em resultado de uma fuga num dos seus componentes, a válvula descer, são estabelecidos os seguintes dispositivos de segurança [15,16] na figura I-6 :

- Após 50 mm de curso, a elevação entra novamente em ação, "Recuperação dos óleos de fuga";
- Após 100 mm de curso, a falha ou o alarme é sinalizado, "Aviso de fuga";
- Depois de 150 mm, é claro.

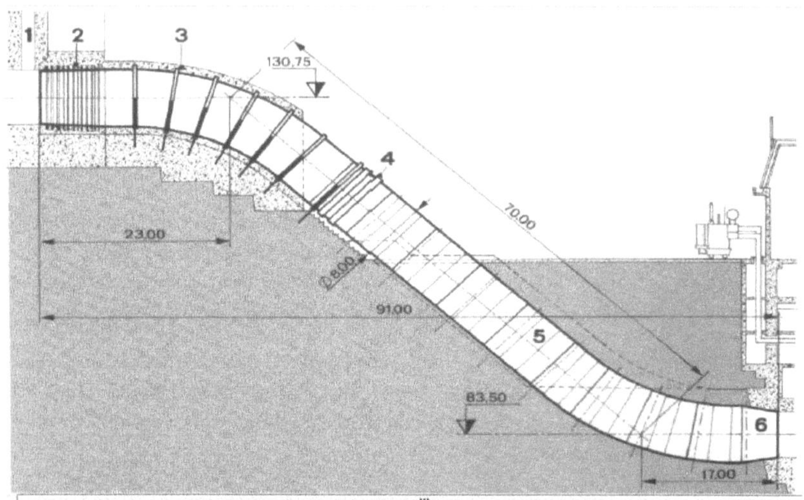

Fig. I- 6: Secção longitudinal da comporta [16]

Legenda:

- 1=estrutura de entrada; 2=secção blindada de transição; 3=fixação do pontalete;
- 4=junta de dilatação; 5=tubos formados por três virolas; 6=cone de ligação ao tanque espiral.

I.3.3. RANHURAS DA ENSECADEIRA A JUSANTE

Nestas ranhuras, são colocadas as ensecadeiras de jusante, que permitem a inspeção do rotor da turbina. As ensecadeiras de jusante estão situadas no difusor (prolongamento do tubo de tração) no local onde este se divide em duas comportas com 8,60 m de largura e 4,40 m de altura. Cada comporta é selada por um elemento de uma só peça, guiado de cada lado por três (3) rolos. A vedação é efectuada do lado de montante para aproveitar o impulso hidrostático da água. O gancho de 30 toneladas dos pórticos principais da central permite a manobra dos elementos da ensecadeira por meio de uma barra de espalhamento [15,16].

I.3.4. O DIFUSOR

O difusor é a extensão do aspirador para recuperar, sob a forma de energia de pressão, a energia cinética residual e a energia potencial da água à saída da roda e para evacuar a água a jusante (em restituição) [15,16].

I.4. PRINCIPAIS MEIOS AUXILIARES DE EXPLORAÇÃO DA ESTRUTURA DE CAPTAÇÃO (BARRAGEM) E DE RESTITUIÇÃO

I.4.1. A PONTE DE PÓRTICO DE MONTANTE: CRIVO DE LIMPEZA [1]

O limpa-telas [ver Fig. I-7] destina-se a limpar os crivos para reduzir as perdas de carga nos crivos devidas ao seu entupimento progressivo por detritos (troncos de árvores, plantas aquáticas, etc.), daí a operação de "crivagem" [15,16].

O limpa-peneiras está instalado num pórtico que se desloca sobre o coroamento da estrutura de entrada (barragem). Este pórtico rolante está equipado, no exterior do crivo, com um spreader de 10 toneladas de carga máxima para a movimentação das ensecadeiras a montante e um jib de 5 toneladas de carga máxima para a movimentação à volta. É constituído por uma estrutura em perfil com chapas de revestimento (proteção), e o seu peso de 50 toneladas permite-lhe estabilizar-se contra as solicitações (vento, esforços do ecrã, etc.). O movimento de translação é assegurado por cilindros hidráulicos comandados por bombas acionadas por quatro motores a óleo de duas velocidades [15,16].

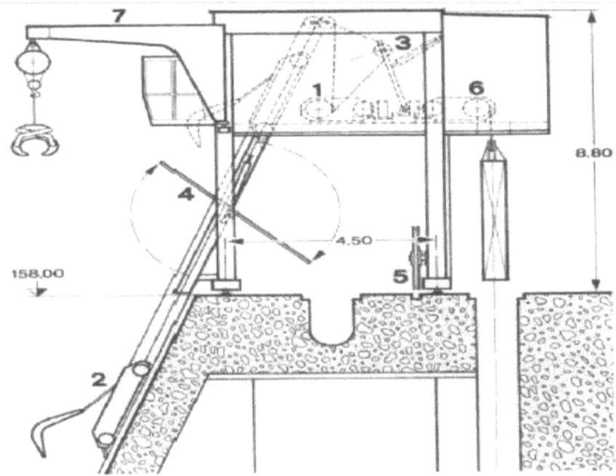

Fig. I-7: Ecrã: pórtico da ensecadeira da estrutura de entrada [16]

Legenda:

- 1= Guincho principal; 2= Carro de tela com tampa; 3= Cilindro de controlo da polia e da tampa.
- 4= Válvula de descarga; 5= Enrolador de cabo elétrico; 6= Guincho de elevação da ensecadeira; 7= Lança de 5 toneladas.

I.4.2. O CANAL DO LIXO

Este canal é alimentado com água por bombas centrífugas, permitindo a evacuação dos detritos das grelhas após a operação de crivagem [15,16].

I.4.3. OS PRINCIPAIS PÓRTICOS ROLANTES DA CENTRAL ELÉCTRICA

A sala de máquinas ou toda a central é servida por dois pórticos rolantes situados nas paredes longitudinais da central, ao nível da zona de montagem das máquinas. Cada pórtico de rolamento tem três (3) ganchos de 310 toneladas, 30 toneladas e 5 toneladas. O gancho secundário de 30 toneladas pode ocupar uma posição suficientemente em consola a jusante e é utilizado para manipular as ensecadeiras a jusante das turbinas [15,16].

I.5 ARRANQUE E ENCERRAMENTO DE UM GRUPO INGA2

I.5.1 FASES DE ARRANQUE

Na Central Hidroelétrica de Inga 2, o arranque de um grupo é feito em cinco fases [15,16] :

- Abertura da válvula da cabeça ;
- Iniciar a rotação do grupo ;
- Excitação ;
- Sincronização ;
- Comutação dos auxiliares vitais do grupo (bombas de injeção de óleo de pivô, bombas de circulação de óleo de pivô, bombas de controlo de velocidade, compressores de controlo de velocidade, bombas de circulação de água do circuito de refrigeração secundário, etc.)

I.5.1.1. ABERTURA DA VÁLVULA DE CABEÇA

A operação tem lugar no painel de controlo para os grupos não reabilitados e no posto de comando para os grupos reabilitados na sala de controlo. Quando é dada a ordem de arranque da bomba principal do circuito oleodinâmico para o controlo da válvula de cabeça, o óleo pressurizado actua no cilindro e a válvula abre em bypass (10 cm) durante cerca de oito minutos para encher o tubo forçado, o que provoca a paragem da bomba principal. Um flutuador detecta que o tubo está cheio e a bomba volta a arrancar para assegurar a abertura completa da válvula de cabeça, o que provocará novamente a paragem da eletrobomba [15,16].

I.5.1.2. ROTAÇÃO DO GRUPO

A operação consiste em rodar completamente o grupo. A bomba de injeção de óleo do pivot arranca, as sequências do automatismo do grupo são iniciadas, o aquecimento do alternador é cortado e a bomba principal do regulador da turbina é engatada. O arranque da bomba provoca o pré-arranque do regulador eletrónico e o distribuidor fica então sob o controlo do regulador de velocidade. O distribuidor abre-se e o gerador começa a rodar até atingir a velocidade nominal de 107 rpm [15,16].

I.5.1.3. EXCITAÇÃO DO GERADOR

A excitação é a energização da máquina (alternador). A sua função é criar um campo magnético no entreferro do alternador fazendo circular uma corrente contínua (corrente de excitação) no enrolamento do rotor [15,16].

I.5.1.4. SINCRONIZAÇÃO

É o conjunto de operações necessárias para acoplar o gerador à rede. É feito através do cumprimento das seguintes condições [15,16]:

- Igualdade de tensões entre a máquina e a rede;
- Igualdade de fases entre a máquina e a rede;
- Igualdade de frequências entre a máquina e a rede.

Assim que todas as condições são cumpridas, o disjuntor de 220 kV localizado na subestação dispara, e o gerador é ligado à rede [15,16].

I.5.1.5. AUXILIARES DE COMUTAÇÃO

A comutação dos auxiliares consiste em alimentar os auxiliares vitais do grupo com a tensão própria do grupo através do transformador de tração [15,16].

I.5.2. ENCERRAMENTO DE UM GRUPO

Um grupo é encerrado nas seguintes etapas [15,16]:

- Redução gradual da potência (carga) do grupo até à potência zero;
- Abertura do disjuntor de 220 kV na estação de dispersão de Inga;
- Desativação dos auxiliares;
- Desenergização;
- Abrandar o grupo;
- Arranque da bomba de injeção de óleo do pivot;
- Aplicar; travar;
- Paragem do grupo quando a velocidade é zero;
- Parar os auxiliares do grupo;

CAPÍTULO 2. MATERIAIS E MÉTODOS UTILIZADOS NESTE ESTUDO

As vibrações representam um sério desafio para o funcionamento fiável e eficiente das centrais hidroeléctricas. Este capítulo examina as vibrações laterais que ocorrem no grupo gerador da turbina 5 na central hidroelétrica de Inga II, na República Democrática do Congo. Através de medições exaustivas no terreno e da análise de dados, o objetivo é avaliar as caraterísticas das vibrações e identificar quaisquer problemas potenciais que afectem este equipamento rotativo crítico.

A central de Inga II é alimentada por oito unidades idênticas de turbinas Francis de 178 MW para produzir eletricidade. O grupo 5 é estudado aqui como um caso representativo. Um conjunto de sensores de proximidade foi instalado em quatro planos de medição para monitorizar continuamente os deslocamentos do veio em condições de funcionamento. Os dados de vibração foram registados em vários ciclos de arranque e paragem utilizando o software Dasylab.

As normas internacionais fornecem diretrizes para os níveis de vibração aceitáveis com base na velocidade de rotação. Esta investigação aplica testes de conformidade para comparar os dados medidos com estes limiares. A análise estatística é efectuada em R para determinar se as vibrações estão em conformidade com um nível de confiança de 95%. São também utilizados métodos no domínio da frequência para detetar frequências caraterísticas e identificar potenciais fontes de vibração.

Espera-se que, através de uma monitorização e diagnóstico completos das vibrações, quaisquer anomalias possam ser prontamente reconhecidas e resolvidas. Ao garantir que o Grupo 5 opera em segurança dentro dos parâmetros estabelecidos, este trabalho visa apoiar o fornecimento fiável de energia hidroelétrica limpa de Inga II durante muitos anos. Os resultados podem também beneficiar a gestão das vibrações nas outras sete unidades idênticas.

II.1. ALINHAMENTO DOS GRUPOS GERADORES HIDROELÉCTRICOS

O alinhamento de um grupo gerador hidroelétrico é, na realidade, o alinhamento da linha de eixo formada pelos seus componentes rotativos; este alinhamento é essencial para um funcionamento fiável de todo o grupo. Um grupo desalinhado pode causar não só a falha prematura dos rolamentos, mas também vibrações excessivas, desgaste e tensões noutros componentes do grupo. As falhas inesperadas causadas pelo desalinhamento podem, na maioria dos casos, ser evitadas se o grupo estiver corretamente alinhado [21].

Numa unidade com uma linha de eixo vertical perfeitamente alinhada, todos os componentes rotativos estariam perfeitamente verticais e perfeitamente centrados nos componentes estacionários, independentemente da sua posição de rotação. Os pivôs estariam no mesmo nível, com cada pino igualmente carregado e perfeitamente perpendicular ao eixo. À medida que a linha do veio roda, perfeitamente centrada nos rolamentos guia, as únicas forças sobre os rolamentos guia seriam provenientes de desequilíbrios mecânicos ou eléctricos. Por outras palavras, à medida que a linha do veio se desvia da sua posição alinhada, a carga nos rolamentos guia aumenta, assim como o nível de vibração. Qualquer aumento na vibração devido ao desalinhamento diminui o fator de segurança, especialmente para o funcionamento em circunstâncias extremas, como o funcionamento em áreas transitórias. Se uma unidade tiver um problema de vibração moderado causado por desalinhamento, as forças de acionamento geradas mesmo por um desequilíbrio mecânico podem ser suficientes para danificar a unidade. Uma vez que o alinhamento perfeito não é possível, necessitamos de diretrizes ou tolerâncias que nos permitam saber quando estamos "suficientemente perto". A Tabela II-1 enumera as tolerâncias a utilizar para alinhar a linha do veio de um grupo gerador de eixo vertical. Estas são tolerâncias gerais, e o julgamento deve ser usado em casos específicos, como o grupo Inga 2 5 neste trabalho [21].

Na maioria dos casos, um grupo eletrogéneo pode ser facilmente alinhado dentro destas tolerâncias, mas nalgumas circunstâncias especiais, isto só pode ser possível com grandes modificações. Quando é necessária uma modificação importante, como a deslocação do estator do gerador, as potenciais consequências de o fazer devem ser ponderadas em relação aos benefícios antes de ser tomada uma decisão.

Para cumprir as tolerâncias da Tabela II-1, devem ser tidas em conta a concentricidade, a circularidade, a retidão, a perpendicularidade e a verticalidade. Estas caraterísticas, tal como se aplicam ao alinhamento vertical de veios, são definidas abaixo [21].

Para melhor compreender o processo de alinhamento, é importante recordar a construção básica dos grupos geradores hidroeléctricos de eixo vertical, baseada na chumaceira de impulso (pivot) no local. As figuras II-1 e II-2 mostram uma unidade hidroelétrica do tipo suspenso; tem uma chumaceira de impulso acima do rotor do gerador, chumaceiras de guia superior e inferior do gerador e uma chumaceira de guia da turbina. O peso rotativo da unidade é transferido através da chumaceira de impulso, através da aranha superior e através da estrutura do estator para a fundação; a aranha inferior suporta a chumaceira de guia do gerador inferior [21].

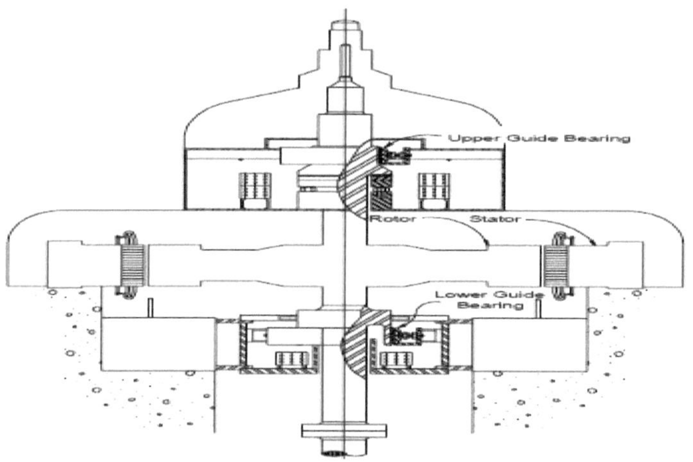

Figura II-1: Grupo de tipo suspenso [21]

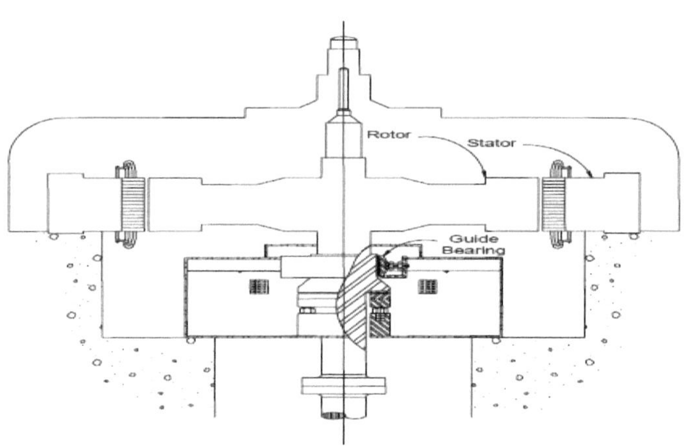

Fig. II-2: Grupo de tipo guarda-chuva [21]

II.1.1. CONCENTRICIDADE

Concentricidade significa qualquer coisa que partilhe um centro comum. No alinhamento de uma unidade de eixo vertical, os componentes estacionários são considerados concêntricos quando é possível traçar uma única linha reta que ligue os centros de todos os componentes. Esta linha reta será vertical ou estará dentro das tolerâncias permitidas para a verticalidade. A concentricidade dos componentes fixos pode ser verificada medindo as folgas, ou se a unidade estiver completamente desmontada, como durante uma revisão, um único fio esticado pode ser usado como referência de prumo. As medidas de folga do rolamento guia da turbina, da vedação do eixo e da folga de ar do gerador podem ser usadas para localizar suas linhas centrais em relação ao eixo. Se a unidade for desmontada, as aranhas superior e inferior e a cobertura de proteção podem ser temporariamente instaladas e um único fio esticado pode ser pendurado ao longo da unidade [21].

Quadro II-1. Tolerâncias para a montagem de um grupo de eixos verticais

Tolerância de medição	Tolerância de medição
Folga de ar do estator ± 5% da folga de ar nominal	Folga de ar do estator ± 5% da folga de ar nominal
Concentricidade do estator (em relação à chumaceira de guia da turbina)	Concentricidade do estator (em relação à chumaceira de guia da turbina)
5% do intervalo de ar nominal de projeto	5% do intervalo de ar nominal de projeto
Concentricidade da chumaceira guia superior do gerador (em relação à turbina e à chumaceira guia inferior) 20% de folga diametral	Concentricidade da chumaceira guia superior do gerador (em relação à turbina e à chumaceira guia inferior) 20% de folga diametral
Concentricidade da chumaceira de guia do gerador inferior (em relação à turbina e à chumaceira de guia do gerador superior) 20% de folga diametral	Concentricidade da chumaceira de guia do gerador inferior (em relação à turbina e à chumaceira de guia do gerador superior) 20% de folga diametral
Concentricidade da vedação do veio (em relação à chumaceira guia da turbina e entre si) 10% de folga diametral da vedação do veio	Concentricidade da vedação do veio (em relação à chumaceira guia da turbina e entre si) 10% de folga diametral da vedação do veio

Circularidade do estator ± 5% da folga de ar nominal	Circularidade do estator ± 5% da folga de ar nominal
Circularidade do rotor ± 5% da folga de ar nominal	Circularidade do rotor ± 5% da folga de ar nominal
Verticalidade do estator (em relação à vertical) ± 5% da diferença de ar nominal	Verticalidade do estator (em relação à vertical) ± 5% da diferença de ar nominal
Verticalidade do rotor (em relação ao eixo do gerador) ± 5% da folga de ar nominal	Verticalidade do rotor (em relação ao eixo do gerador) ± 5% da folga de ar nominal
Retidão do veio	Retidão do veio

Estas tolerâncias destinam-se a ser utilizadas quando as tolerâncias do fabricante não estão disponíveis. É sempre melhor consultar primeiro o fabricante do equipamento, se possível. Esta tabela baseia-se na tabela "Bureau of ReclamationPlumb and Alignment Standards for Vertical Shaft Hydrounits" de Bill Duncan, 24 de maio de 1991.

II.1.2. CIRCULARIDADE

A circularidade refere-se ao desvio de uma circunferência perfeita de qualquer peça circular. No rotor ou no estator do gerador, a circularidade é medida como o desvio percentual do diâmetro em qualquer ponto em relação ao valor nominal ou médio. A isto chama-se circularidade. Nos rolamentos, vedantes de veio e componentes semelhantes, a circularidade é normalmente designada por não arredondada e é medida como a diferença entre os diâmetros máximo e mínimo [21].

II.1.3. QUADRANGULARIDADE

A perpendicularidade no alinhamento de um grupo vertical refere-se à relação entre o gelo em movimento e o eixo ou os moentes de guia (Figura II-3). Se a superfície de apoio da sapata pivotante não for perpendicular ao eixo, o eixo produzirá uma forma de cone à medida que roda. A figura II-4 ilustra este facto. O diâmetro deste cone medido em qualquer elevação é designado por excentricidade estática nesse local. A perpendicularidade do gelo em movimento em relação aos moentes-guia é medida indiretamente pelo diâmetro da banda estática, normalmente no moente-guia da turbina [21].

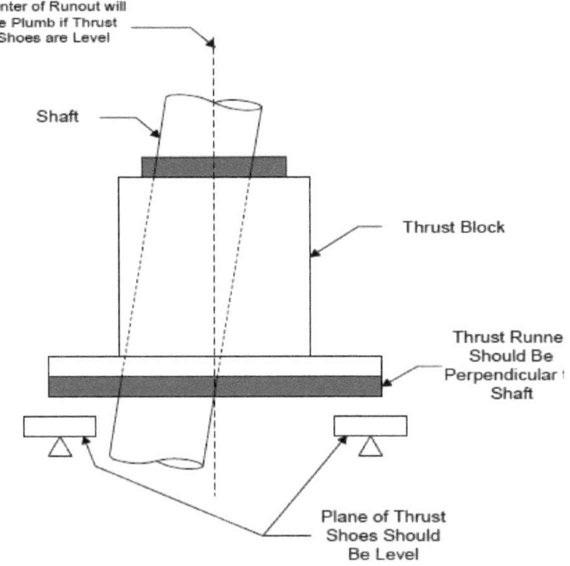

Fig. II-3: Perpendicularidade e nivelamento do pivot [21]

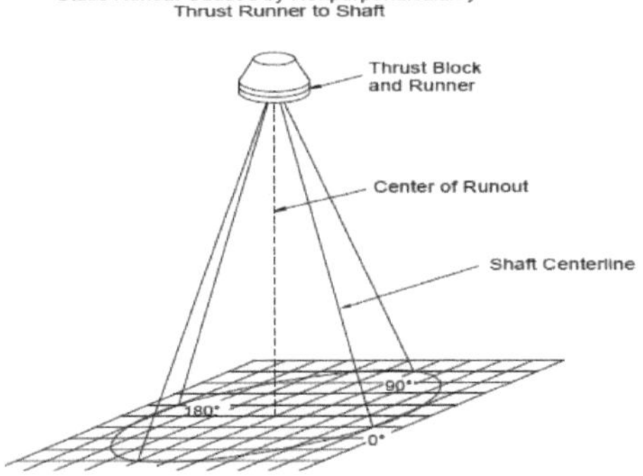

Figura II-4: batimento estático [21]

II.1.4. VERTICALIDADE

Uma linha de eixos é considerada "prumo" ou "vertical" quando é exatamente vertical. Embora a posição final do eixo ou a linha central do grupo possa ou não ser vertical, a verticalidade ou o prumo é essencialmente a referência para todas as medições. O fio de prumo, o sistema laser vertical e os níveis de precisão podem ser utilizados para fornecer medições que se referem à verticalidade. As medições de verticalidade são utilizadas para determinar a posição do eixo e o centro do run-out. Com base nos dados de prumo, os cálculos podem identificar ajustes ou definições para o plano da sapata pivotante necessários para mover o centro do run-out em linha com a linha central dos membros fixos. Se a linha central dos membros fixos for vertical, então o centro do run-out será vertical e as sapatas estarão todas no mesmo nível. Voltando à Figura II-4, vemos que se o eixo é vertical a 0°, ele não será mais vertical ao diâmetro do balanço uma vez que o eixo é girado 180°. Se o centro de oscilação for vertical, o eixo estará fora de prumo em metade do diâmetro de oscilação em qualquer posição de rotação. Desde que o diâmetro de oscilação esteja dentro da tolerância, isto será aceitável. Ao tornar o centro de oscilação a prumo, as almofadas de pivô são, portanto, ajustadas ao mesmo nível (Figura II-4) [21].

A concentricidade é mais importante do que a verticalidade. Embora seja sempre desejável que um grupo seja concêntrico e vertical, por vezes não é prático tornar um grupo vertical. Com o tempo, o assentamento da fundação de engenharia civil também pode fazer com que o grupo fique fora de prumo [21].

II.1.5. RETIREZA

A retidão refere-se à ausência de curvas ou desvios no acoplamento do veio. O desvio é o desalinhamento paralelo entre dois veios e ocorre no acoplamento entre os veios do gerador e da turbina. O desalinhamento angular no acoplamento é designado por shaftdogleg (Figura II-5). Normalmente, assume-se que os eixos individuais do gerador ou da turbina são rectos e que qualquer desalinhamento angular ocorre no seu acoplamento. Na maioria dos casos, isso é verdade, mas em alguns casos, o eixo do gerador ou da turbina não é reto. O eixo é considerado reto quando nenhum ponto varia mais de 0,003 polegadas ou (0,0762 mm) de uma linha reta que une os pontos de leitura superior e inferior. Normalmente, não é feito qualquer esforço para corrigir o dogleg do veio ou o desvio do acoplamento, a não ser que seja suficientemente grande para afetar significativamente a excentricidade estática. Se necessário, o "shaftdogleg" ou o desvio do acoplamento pode ser corrigido ajustando o acoplamento. O desvio raramente é suficientemente grave para causar problemas e, normalmente, só pode ser corrigido através de uma nova maquinação das flanges do acoplamento e do realinhamento dos orifícios dos parafusos do acoplamento [21].

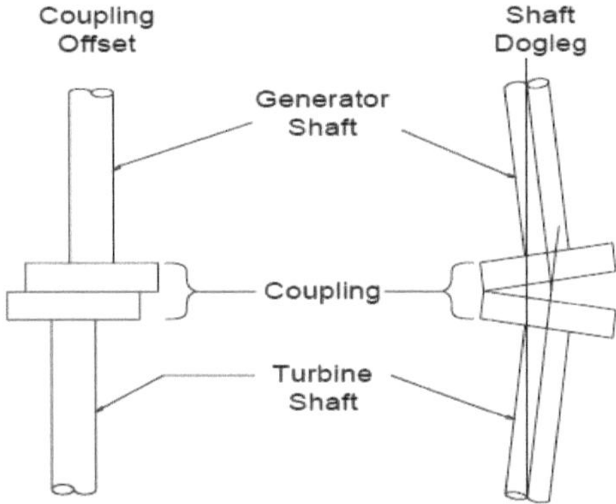

Figura II-5: Desalinhamentos radiais (offset) e angulares (dogleg) [21]

II.1.6. EQUIPAMENTO NECESSÁRIO NO PROCESSO DE ALINHAMENTO DE UMA LINHA DE VEIOS.

O equipamento básico necessário para o alinhamento de um grupo de eixos verticais é constituído por [21]:
- Indicadores com base magnética;
- Calibradores de folga ou calços para medir as folgas nas chumaceiras de guia, nos labirintos das rodas, as folgas das folgas de ar e, se possível, as folgas dos vedantes do veio;
- Micrómetros internos para medir as dimensões entre a linha de eixo e certas partes fixas;
- Linha de prumo;
- Níveis de bolha de ar de precisão;
- Estação total a laser para nivelamento ou topografia;
- Equipamento de medição, registo de movimentos laterais composto por medidores de proximidade, bem como hardware e software de aquisição de dados.

II.1.6.1. O SISTEMA TRADICIONAL DE FIO DE PRUMO

O método mais comum para obter leituras de prumo é utilizar cordas de piano de aço inoxidável, não magnéticas, e um micrómetro elétrico. Quatro fios são suspensos a 90 graus um do outro com um fio de prumo com asas (Figura II-6) ligado a cada fio e suspenso em baldes cheios de óleo para amortecer o movimento. O micrómetro elétrico (Figura II-7) é utilizado para medir a distância entre os fios e o eixo. Existem variações na conceção, mas o conceito básico é o mesmo [21].

Figura II-6 Configuração do sistema de fio de prumo

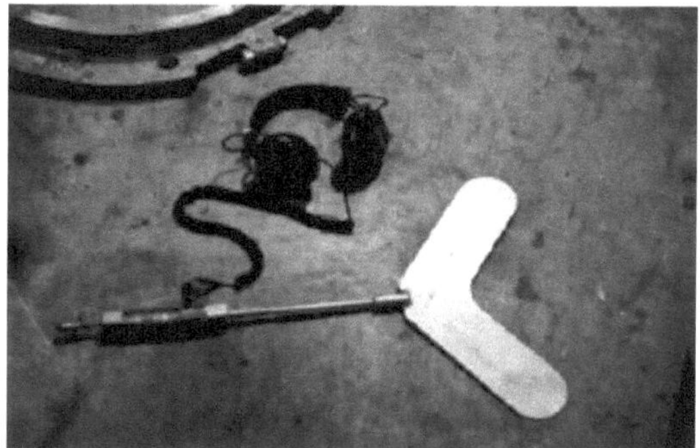

Figura II-7 Micrómetro elétrico

II.1.6.2. SISTEMAS DE LASER

De um modo geral, a maioria dos sistemas de alinhamento por laser para veios verticais utiliza os mesmos princípios que os sistemas de fio de prumo. Um raio laser vertical substitui o fio de prumo (Figura II-8). Um indicador fotoelétrico substitui o micrómetro elétrico e mede a distância entre o eixo e o raio laser (Figura II-9). Consoante o sistema, o laser pode ser montado numa base, que por sua vez será montada no eixo, ou pode ser montado diretamente na tampa superior. O laser está equipado com um bom e grande ajuste e um nível de bolha de precisão para ser ajustado ao prumo [21].

A melhor prática é mover o laser em cada uma das quatro direcções e nivelá-lo em cada local.

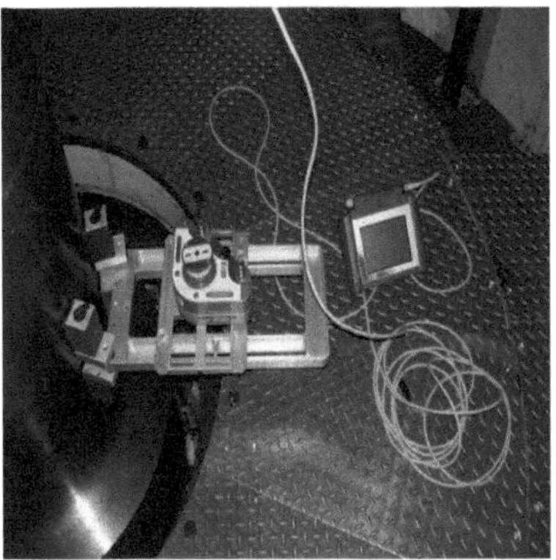

Figura II-8: Nível de precisão com base magnética

Figura II-9 Luz indicadora do sistema laser

II.1.6.3. NÍVEIS DE EXACTIDÃO

Os níveis de precisão podem ser utilizados para obter um alinhamento aceitável para a maioria dos poços verticais de centrais hidroeléctricas. O nível é fixado ao eixo, e o eixo é rodado 90° em incrementos (Figs. II-10 e II-11). A verticalidade do centro do runout é determinada tomando a diferença entre as medidas diametralmente opostas e dividindo-as por dois. A retidão e a posição do veio podem ser determinadas com as leituras das medições efectuadas por um relógio comparador em cada elevação da chumaceira de guia [21].

Figura II-10 Nível de precisão à base magnética

Figura II-11 Nível de precisão fixado à árvore com uma correia

II.2 CONCEITO DE VIBRAÇÕES DOS GRUPOS DE PRODUÇÃO HIDROELÉCTRICA

A conceção das unidades de produção hidroelétrica está adaptada à absorção de forças axiais significativas devido ao peso das partes rotativas (roda, eixo e rotor) e ao impulso hidráulico para as máquinas de reação. As linhas de eixo são, portanto, frequentemente verticais (ver Fig. II-1), sendo os rolamentos apenas orientadores e pivotantes, suportando as forças já mencionadas. Esta situação leva a cargas radiais baixas nas chumaceiras. Isto reduz as capacidades de amortecimento dos rolamentos, a geometria circular, etc. [22].

Outra caraterística deste tipo de máquinas é o seu acoplamento com o fluxo nas aduções. As máquinas hidráulicas são muito sensíveis ao meio ambiente. Assim, o comportamento vibratório pode ser induzido pelos órgãos a montante (oscilações sustentadas das comportas) ou comunicado pelas aduções a jusante (implosões de bolsas de cavitação no tubo de tração) [22].

O estudo foi realizado na central hidroelétrica de Inga II, no Kongo Central, na República Democrática do Congo. Esta central possui oito grupos hidroeléctricos, com as mesmas propriedades unitárias que o único dos grupos hidroeléctricos 5 estudados (ver Quadro II.2).

Tabela II.2: Parâmetro do grupo hidroelétrico 5 [15,16]

Propriedades do grupo hidroelétrico	
Tipo de turbina Francis	Francisco
Potência nominal 178 MW	178 MW
Velocidade nominal 107,1 rpm	107,1 tr/min
Caudal nominal 323,3 m^3/s	323,3 m^3/s
Altura nominal 60 m	60 m
Velocidade de funcionamento 235 rpm	235 tr/min
Diâmetro do corredor 6,35 m	6,35 m
Massa do corredor 95000 kg	95000 kg
Diâmetro do veio 1,20 m	1,20 m
Altura do poço 5,6 m	5,6 m
Tipo de gerador Alternador síncrono	Alternador sincronizado
Tensão do estator 16 kV	16 kV
Corrente do estator 7,397 kA	7.397 kA
Frequência 50 Hz	50 Hz
Altura do poço 4 m	4 m
Massa do veio com prato de acoplamento do rotor 61000 kg	61000 kg
Massa do pivô 1350000kg	1350000kg

Massa do rotor 423000 kg	423000 kg
Massa do estator 240000 kg Diâmetro do rotor 11,17 m Diâmetro do estator 13,2 m	240000 kg
Propriedades do grupo hidroelétrico	11,17 m
Tipo de turbina Francis	13,2 m

As vibrações ocorrem no início da produção de energia numa central hidroelétrica, constituindo um grave problema para os equipamentos do grupo turbina-gerador [6,20]. As principais fontes de amplitudes de vibração num grupo hidroelétrico são as vibrações eléctricas, mecânicas e hidráulicas [6,9, 12, 2016]. Para medir os níveis de vibração e as frequências de máquinas rotativas, é necessário um método de análise de vibrações [6,12,19]. Através da avaliação do sinal de vibração em duas análises mais utilizadas.

A análise no domínio do tempo fornece informação sobre a severidade da vibração, e a análise do espetro de frequência permite identificar com precisão a natureza da anomalia presente na sua frequência caraterística de vibração e, se possível, especificar a sua severidade [4, 6,12,17, 19]. A Figura II.12 mostra a disposição dos pontos de medição e do aparato experimental para medir as flutuações de pressão, vibrações e oscilações de um grupo hidroelétrico [18].

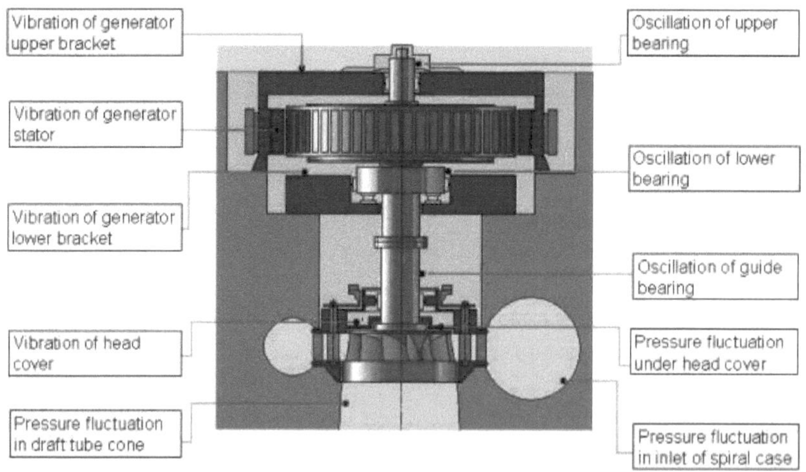

Figura II.12: Disposição dos pontos de medição e do aparelho experimental [18]

Assim, a Tabela II.3 apresenta as principais causas de vibrações em função da frequência, o que constitui uma ferramenta muito útil para a identificação de problemas [5].

Quadro II.3: Principais causas de vibrações em função da frequência

As principais causas das vibrações		Frequências de vibração relativas									
		$0\text{-}40\%\ f_{rotor}$	$40\text{-}50\%\ f_{rotor}$	$50\text{-}100\%\ f_{rotor}$	f_{rotor}	$2\times f_{rotor}$	$n\times f_{rotor}$	Frequências diferentes	1 ou 2 frequência muito baixa	1 ou 2 frequências de formação	Frequência de 1 ou 2 polias
Desequilíbrio	Má distribuição da massa dos componentes rotativos				●	○	○				
Erros de alinhamento e deformação	Erros de alinhamento				●	●	○				
	Deformação básica		○		●	○	○				
	Deformação da caixa de rolamentos	○	○	○	●	○					
	Contacto axial do rotor	○	○	○	●	○	○	○	○	○	○
Danos nas chumaceiras e	Danos em rolamentos com				○				●	○	

deformação do moente	elementos rolantes										
	Danos nos rolamentos da base	●	●	●	●	●		○			
	Excentricidade da chumaceira				●						
Problemas eléctricos e magnéticos	Estator assimétrico									●	
	Rotor assimétrico	●									
	Jogo de ar excêntrico										
Danos na polia	Polias excêntricas							○			●
Ressonância	Ressonância da estrutura, suportes, pórticos e elementos estruturais	Podem ocorrer em toda a gama de frequências									
	Velocidades críticas de rotação do rotor ou do sistema rotor/palheta				●						
Forças aerodinâmicas					○		●		○		

e hidrodinâmicas											
Instabilidade da película de óleo	Diário de óleo		●								
	Batedor de óleo		● *	○							
	Atrito causado pela instabilidade	●	○	○							
	Excitação devido à libertação de ar	○	●	○							
Problemas de engrenagens e acessórios	Engrenagens danificadas						○	○	●		
	Engate danificado		○		○	○	●				
Vibrações causadas pela ação de máquinas adjacentes		Podem ocorrer em toda a gama de frequências									
* só apareceu $f_{rotor} > 2 \times f_{crit}$		● = frequência de vibração caraterística ○ = frequência de vibração que pode ocorrer para além das frequências de vibração caraterísticas									

A frequência caraterística de vibração ou rotação tem a seguinte relação [6]:

$$f_r = \frac{N}{60} \tag{1}$$

Whère :

- f_r é a frequência caraterística de vibração ou de rotação em Hz;
- N é a velocidade de rotação em rpm.

II.3. MATERIAIS UTILIZADOS

Os materiais utilizados neste estudo foram doze sensores de proximidade com sondas que foram instalados e eliminados em cada plano de medição da seguinte forma :

- Dois sensores de deslocamento perto da chumaceira de guia superior (GEN1 Y, GEN1 X) ;
- Dois sensores foram colocados a montante AM a (0°) e o outro a jusante RG a (90°) no plano de medição 01, localizado 200 mm acima do centro dos rolamentos de guia superiores;
- Quatro sensores próximos do acoplamento rotor-eixo da turbina (GEN Y, GEN X) e (GEN' Y, GEN' X) ;
- Os dois primeiros sensores (GEN Y, GEN X) foram colocados a montante de AM a (0°) e a jusante de RG a (90°) no plano de medição 02, situado no suporte inferior do rotor, onde está fixada a chumaceira de guia móvel, enquanto os outros dois sensores (GEN' Y, GEN' X) foram colocados a montante de AM a (0°) e a jusante de RG a (90°) no plano de medição 02' situado a montante do ponto do berço do cárter inferior em direção ao veio da turbina;
- Dois sensores de deslocação perto da chumaceira inferior (TURB Y, TURB X). Os dois sensores foram colocados a montante AM a (0°) e o outro a jusante RG a (90°) no plano de medição 03, localizado 950 mm acima do centro das chumaceiras-guia inferiores. Os valores reais dos deslocamentos radiais na chumaceira inferior serão deduzidos com base nesta altura de 950 mm.

Utilização de quatro planos de medição para registar os deslocamentos laterais da linha de eixo utilizando sondas de proximidade no grupo hidroelétrico 5 (ver figura I.13), nomeadamente :

- Plano 01 (rolamento guia superior) : GEN1 ;
- Plano 02 (Pivô/Rotor) : GEN ;
- Plano 02' (Pivô/eixo) : GEN' ;
- Plano 03 (rolamento guia inferior) : TURB.

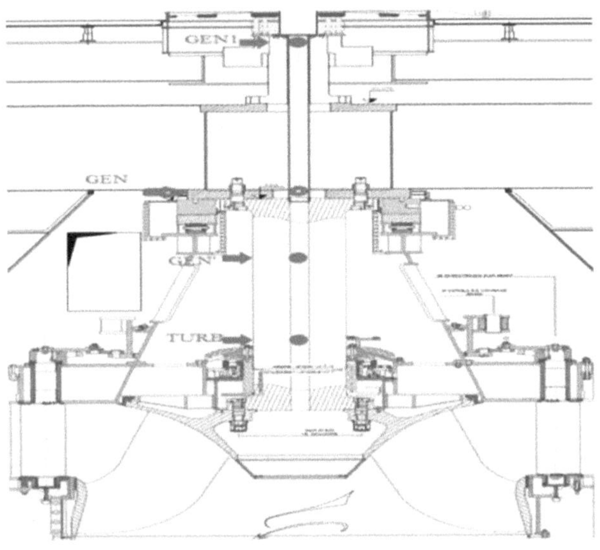

Figura II.13: Localização dos sensores em cada plano de medição [16]

Os sensores registaram sinais que foram analisados com recurso ao software Dasylab, que é um sistema de aquisição e avaliação de dados que utiliza uma linguagem de programação visual [13,14] e ao Microsoft Excel, com recurso a uma calculadora. As caraterísticas dos sinais, as localizações e os nomes dos sensores registados estão detalhados na Tabela II.4.

Quadro II.4: Nomes, localizações e caraterísticas dos sensores

	Sinais	Definição	Tipo	Marca	Gama	Canal
1	Deslocação do veio no rolamento de guia superior a seguir (X)	GEN1 X	Telemecânica XS4 P18AB120	PVC 356 1716	(4-20mA)/(0-8mm)	4
2	Deslocação do veio na chumaceira de guia superior seguinte (Y)	GEN1 Y	Telemecânica XS4 P18AB120	PVC 356 1722	(4-20mA)/(0-8mm)	5

3	Deslocamento do veio no seguimento pivô/rotor (X)	GEN X/GEN' X	Bently Nevada 3300 XL 8MM	03F0034P	(7,87V)/(1mm)	0
4	Deslocamento do veio no seguimento pivô/rotor (Y)	GEN Y/GEN' Y	Bently Nevada 3300 XL 8MM	03F0034C	(7,87V)/(1mm)	1
5	Deslocação do veio na chumaceira de guia inferior a seguir (X)	TURBO X	Bently Nevada	03F0034E	(7,87V)/(1mm)	2
6	Deslocação do veio na chumaceira de guia inferior a seguir (Y)	TURBO Y	Bently Nevada 3300 XL 8MM	03F0034G	(7,87V)/(1mm)	3
7	Velocidade de rotação do grupo	REPH	Eletrónica XS4 P18AB120	PVR 37 281 0924	(4-20mA)/(0-8mm)	6

Nota :

- GEN1X é a versão em que os sensores estão localizados na chumaceira de guia superior a seguir a X;
- A GEN1Y é aquela em que os sensores estão localizados no rolamento guia superior a seguir a Y;
- GENX é o local onde os sensores estão localizados no pivô/rotor, seguindo X;
- GENY é o local onde os sensores estão localizados no pivô/rotor que segue Y;
- TURBX é o local onde se encontram os sensores no rolamento guia inferior a seguir a X;
- TURBX é o local onde se encontram os sensores na chumaceira de guia inferior a seguir a Y;

II.4. MÉTODOS

No contexto da recolha e análise de dados sobre as vibrações laterais dos geradores de turbinas, são instalados sensores de proximidade e sondas para medir as amplitudes. Os sinais captados são depois transmitidos pelo software Dasylab. Os dados são submetidos a um pré-processamento para eliminar erros e outliers [14]. Utilizando o software R, é aplicada uma técnica específica designada por teste de conformidade. Este teste compara as amplitudes medidas pelos sensores e sondas com as normas estabelecidas. São utilizadas análises estatísticas para avaliar a conformidade das medições [10]. Os resultados obtidos são interpretados para determinar se as amplitudes medidas estão em conformidade com as normas estabelecidas.

A análise de conformidade é um método útil para comparar dados medidos com valores padrão, a fim de determinar a conformidade ou não-conformidade dos dados [2]. No artigo referido, este método foi utilizado para avaliar as vibrações laterais de um grupo turbina-gerador, comparando os valores medidos com os valores padrão internacionais [5] e com a tabela I.5 [3] a um nível de significância de 5%, utilizando o software R.

Através dos sete ciclos de arranque/paragem, foram obtidos dados de vibração dinâmica, como se pode ver na tabela II.5 :

Quadro II.5: Sete ciclos de arranque e paragem do grupo turbina-gerador 5

Data	Arranque-paragem	Ciclos
23/10/2019	Arranque 01/ funcionamento sem injeção	11h15'TU a 11h24'TU (seja 00h09')
	Arranque 02/funcionamento sem injeção	12h57'TU a 17h18'TU (seja 04h21')
24/10/2019	Arranque excitado 03/ funcionamento com injeção	09h16'TU a 09h39'TU (be it soit 0h33')
	Arranque entusiasmado 04/ correr com injeção	13h26'TU a 17h18'TU (seja 03h52)
25/10/2019	Arranque excitado 05/ correr com injeção	13h40'TU a 13h56'TU (seja 16 min)
13/11/2019	Arranque 06/funcionamento sem injeção	10h58'TU a 16h58'TU (seja 06h00')
19/11/2019	Início animado 07/ correr com injeção	10h14'TU a 16h47'TU (seja 06h33')

Quadro II.6: Valores de vibração admissíveis para a unidade turbina-gerador (dupla amplitude em mm)

Nome	Artigos	Velocidade nominal (r/min)			
		<100	100-250	250-375	375-750
Turbina	Vibração horizontal da tampa da cabeça	0,09	0,07	0,05	0,03
	Vibração vertical da tampa da cabeça	0,11	0,09	0,06	0,03
	Vibração vertical do suporte da chumaceira de impulso	0,08	0,07	0,05	0,04
Gerador	Vibração horizontal do suporte da chumaceira de guia	0,11	0,09	0,07	0,05
	Vibração horizontal da estrutura do estator	0,04	0,03	0,02	0,02
	Vibração do núcleo do estator	0,3	0,03	0,03	0,03

As máquinas rotativas podem ser classificadas de acordo com o seu estado (Figura II.14) com base na gama de amplitude do parâmetro de vibração (em µm) e na velocidade de rotação (em rpm) numa das quatro zonas seguintes [Saravanja, D. e Grbesic, M., 2020]:

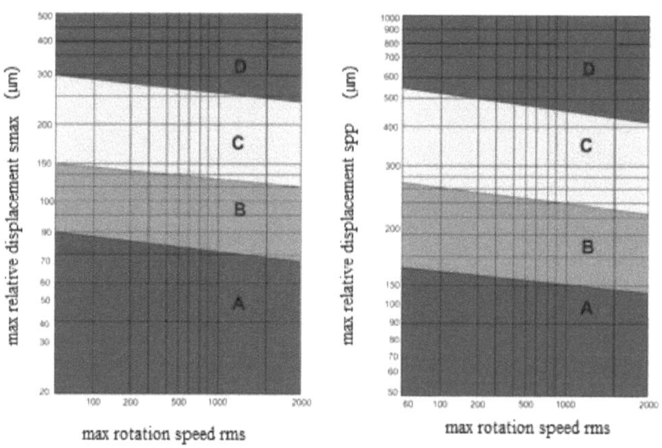

Figura II-14: Normas ISO 7919-5 [5]

- Zona A: zona de vibração das máquinas que acabam de ser colocadas em serviço;

34

- Zona B: zona de vibração das máquinas que são consideradas aceitáveis para funcionamento sem restrições;
- Zona C: zona de vibração das máquinas que são consideradas inaceitáveis para um funcionamento contínuo a longo prazo e que, neste estado, só podem funcionar durante um período de tempo limitado que exige a criação de operações de manutenção;
- Zona D: zona de vibrações das máquinas que são consideradas suficientemente fortes para danificar a máquina.

CAPÍTULO 3. INVESTIGAÇÃO DE VIBRAÇÕES LATERAIS NA UNIDADE TURBINA-GERADOR 5 DA CENTRAL HIDROELÉCTRICA INGA 2

No capítulo anterior, foi apresentada a instrumentação e monitorização abrangentes da unidade de turbina-gerador 5. Isto forneceu um conjunto completo de dados sobre deslocamentos dinâmicos do eixo e comportamento de vibração em vários regimes de operação. O presente capítulo aprofunda a análise dos resultados para obter uma visão crítica.

Os dados de vibração capturados nos sete ciclos de arranque e paragem são primeiro resumidos. As formas de onda temporais e as caraterísticas espectrais em diferentes fases são comparadas para avaliar as respostas transitórias e em estado estacionário. O teste de conformidade é então utilizado para determinar se as vibrações estão em conformidade com as normas internacionais. Análises estatísticas através do software R quantificam como os valores medidos se desviam dos limiares permitidos.

Os resultados indicam que vários locais apresentam uma não conformidade significativa. As amplitudes médias no rolamento guia superior, no acoplamento pivô/rotor e no rolamento guia inferior ultrapassam os limites permitidos. Isto sugere potenciais problemas como desalinhamento, desgaste ou defeitos estruturais que podem prejudicar o desempenho e a durabilidade ao longo do tempo.

Os métodos no domínio da frequência também revelam frequências caraterísticas que podem estar correlacionadas com as fontes de vibração. É necessária uma monitorização dinâmica mais aprofundada para identificar com precisão as causas de raiz e acompanhar a progressão. Seria necessário considerar acções corretivas para satisfazer de forma fiável as orientações operacionais.

Em geral, este mergulho profundo nos resultados experimentais tem como objetivo avaliar criticamente o estado das vibrações. As anomalias identificadas podem então ser tratadas de forma adequada para aumentar a eficiência, prolongar a vida útil e apoiar com segurança o papel desta unidade geradora vital no fornecimento de energia. A orientação também pode beneficiar outras unidades idênticas que operam em Inga II.

III.1. RESULTADOS

Foram efectuadas medições em condições estáticas e dinâmicas da linha de eixo da unidade hidrogeradora, tanto no sentido montante-jusante (AM-AV) como no sentido margem esquerda-margem direita (RD-RG) nas figuras (figuras III-1 e III-2) que mostram a linha de eixo em duas posições do rotor deslocadas de 180°.

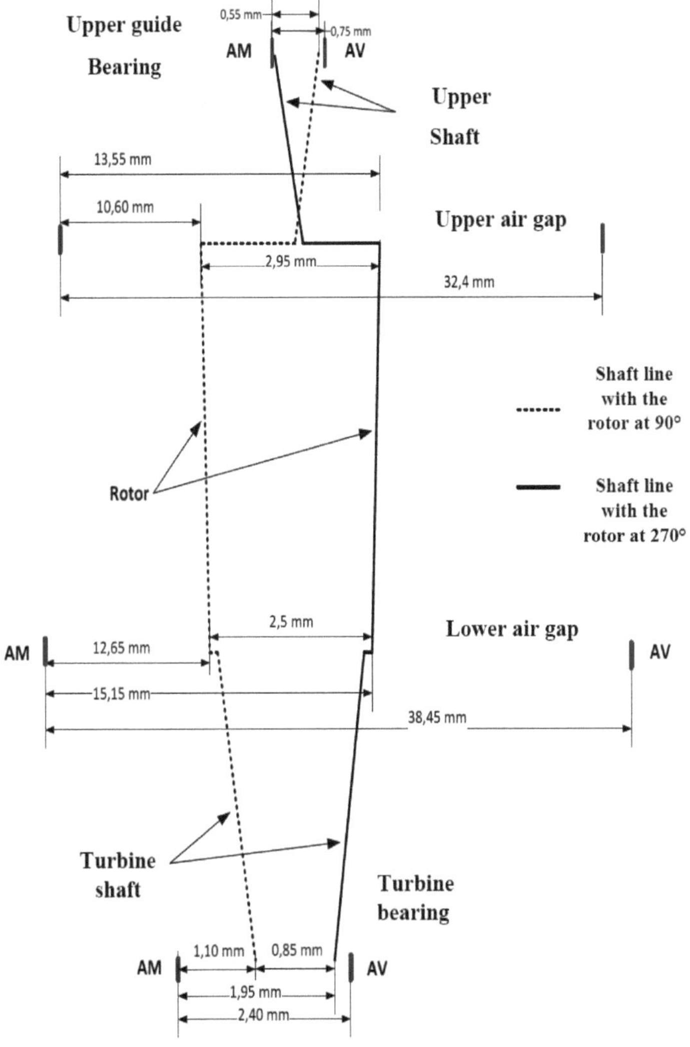

Figura III-1: Linhas de eixo ao longo do eixo montante-jusante

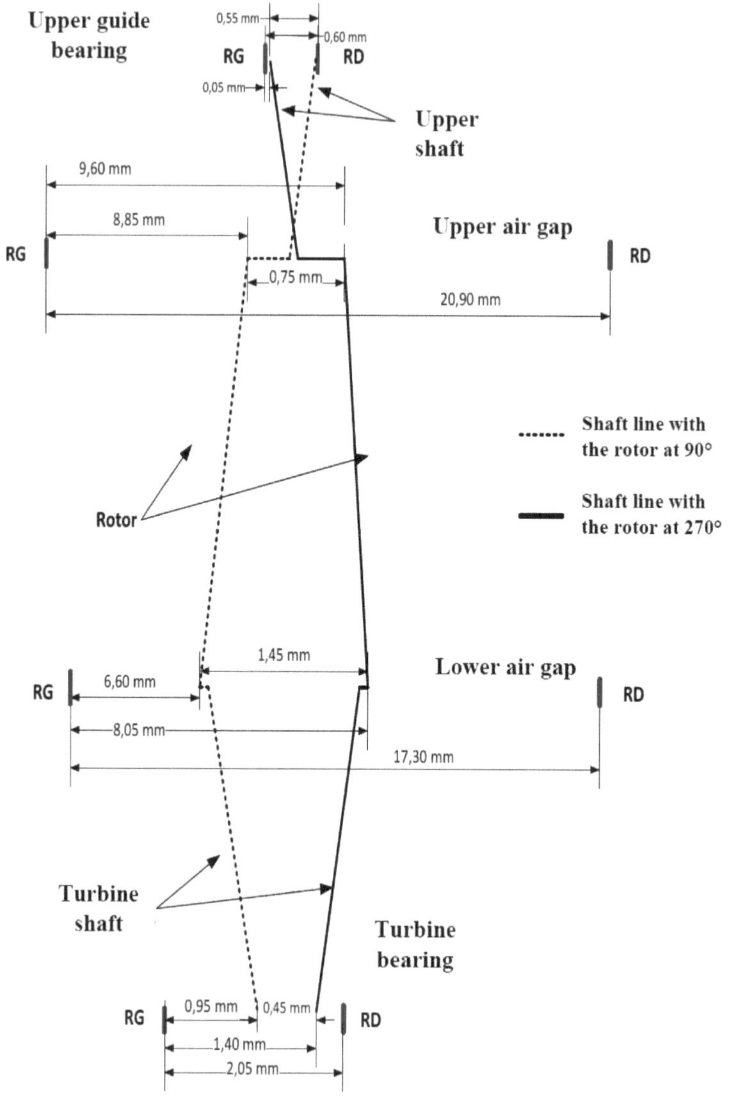

Figura III.2 : Linhas de eixo ao longo do eixo da margem esquerda e da margem direita

Com base nos dois gráficos apresentados, foram observados os seguintes fenómenos no grupo turbina-gerador 5 de Inga 2 :

- Fracturas do veio em acoplamentos entre o veio superior e o rotor e entre o veio e o rotor da turbina ;
- Forte excentricidade do eixo do rotor em relação ao eixo de rotação da linha de eixo ;
- Nestes gráficos, apenas são apresentados os valores mínimos registados em cada plano de medição, de modo a ilustrar as posições estáticas mais desfavoráveis da linha de eixo;
- As folgas nas chumaceiras de guia representam também as deslocações laterais máximas que a linha de veios poderá efetuar dinamicamente;
- Estes gráficos representam a secção da linha de eixo entre a chumaceira de guia superior e a chumaceira de guia da turbina (ver figuras III-1 e III-2).

Os dados temporais e espectrais para a frequência caraterística de vibração (1x) dos sinais de vibração registados em estado estacionário (paragem, velocidade nominal, tensão nominal) e em estado transiente (aceleração no arranque e desaceleração na paragem) encontram-se nas tabelas (III-1, III-2, III-3, III-4) e são apresentados nas figuras (III-3) durante os 7 arranques realizados.

Quadro III-1: Resumo da primeira série de registos (Início: 01/02/03/04)

		GEN1Y		GEN1X		GÉNIA		GENX		TURBY		TURBX	
Regime estabilizado e transitório		Ampl. μm	Fase (°)	Ampl. μm	Fase (°)	Ampl. μm	Fase(°)	Ampl. μm	Fase (°)	Ampl. μm	Fase (°)	Ampl. μm	Fase (°)
	Tot	6,05		6,51		10,63		11,74		7,36		11,39	
Parar	1X	0	0	0	0	0	0	0,1	0	0,4	0	0,2	0
	Tot	605,73	-	810,45		1715		1959		1016,1	-	1078,3	
aceleração máxima	1X												
	Tot	425,25		610		1688		1961		778		850	
Velocidade nominal	1X	268	268	411,8	357	1452	92	1662	181	610,3	111	658,7	197

Velocidade nominal quando quente	Tot	338		442						878		967	
	1X	167,6	237	167	333					672,5	109	722,8	195
Tensão nominal	Tot												
	1X												
Tensão nominal a quente	Tot	322		454									
	1X												
desaceleração de pico01	Tot	503		719		1607		1779		846	-	925	
	1X	458	269	693,4	352	1721	96	1852	184	835,5	116	899,3	201
pico de desaceleração 02	Tot	597		827		800		293		529		1049	
	1X	54,2	237	229,5	323	206,5	64	53,8	157	112,1	73	258,8	170

Nota:

- Ampl. é a amplitude máxima de vibração;
- Tot. é o valor total.

Quadro III-2: Resumo da segunda série de registos (Início 05)

Regime estabilizado e transitório		GEN1Y Am pl. μm	GEN1Y Fa se (°)	GEN1X Am pl. μm	GEN1X Fa se (°)	GÉNIA Am pl. μm	GÉNIA Fa se (°)	GENX Am pl. μm	GENX Fa se (°)	TURBY Am pl. μm	TURBY Fa se(°)	TURBX Am pl. μm	TURBX Fa se (°)
Parar	Tot	9		30		28		51		62		228	
	1X	0,2	0	5,3	0	4,9	0	10,4	0	12,1	0	52,5	0
pico de accele-ração	Tot	**565,58**	**-**	**778,23**		1729,7		1966,3		**997,32**		**1222,5**	
	1X												
Velocidade nominal	Tot	419		616		2480		1953		799		1007	
	1X	256	271	445,4	355	1260,7	101	1488,2	183	607,6	115	755,7	200
Velocidade nominal quando quente	Tot												
	1X												
Tensão nominal	Tot	**549**	**-**	**853**		2485		2405		**1300**	**-**	**1666**	
	1X	135,5	129	117,2	231	2352,9	94	1174,3	196	1000,4	105	1164,6	190
Tensão nominal a quente	Tot	**304**	**-**	**384**						**1278**	**-**	**1537**	
	1X	205,1	132	241	225					1021,9	103	1172,3	190
desaceleração de pico01	Tot	418		524						903		956	
	1X	97,7	325	84,1	29					180,9	146	169	243

pico de desaceleração 02	T o t												
	1 X												

Quadro III.-3: Resumo da segunda série de registos (Início: 06/07)

		GEN1Y		GEN1X		GÉNIA		GENX		TURBY		TURBX	
Regime estabilizado e transitório		Ampl. μm	Fase (°)	Ampl. μm	Fase (°)	Ampl. μm	Fase (°)	Ampl. μm	Fase (°)	Ampl. μm	Fase (°)	Ampl. μm	Fase (°)
	Tot	10		35		40		85		125		175	
Parar	1X	0,5	0	5	0	9,3	0	4	0	20,2	0	31,8	0
	Tot	568		785		2224		1804		893		1014	
pico de accele-ração	1X												
	Tot	322		548		2220		1865		890		1013	
Velocidade nominal	1X	185	260	353	5	1846	98	1547	182	698	115	760	200
Velocidade nominal quando quente	Tot	364		468		2066		2033		837		840	
	1X	162	224	142	318	1774	99	1601	182	645	112	643	198
Tensão nominal	Tot	298		389		3283		3223		1314		1386	

	1X	207	133	246	225	2735	96	2560	180	1050	106	1040	192
Tensão nominal a quente	Tot	**328**		**491**		**3216**		**3235**		**1257**		**1303**	
	1X	236	129	298	220	2691	93	2571	179	1001	101	999	191
	Tot	402		688		1963		1678		896		967	
desaceleração de pico01	1X	55	284	50	3	331	126	166	193	154	136	112	203

Estes dados, uma vez que a frequência de vibração caraterística (1x) dos sinais de vibração registados em condições estáticas, são os seguintes no pivot/rotor: 3,15 mm para o eixo x, 1,45 mm para o eixo y; rotor superior: 2,5 mm para o eixo x, 2,00 mm para o eixo y; chumaceira guia superior: 0,7 mm para o eixo x, 0,55 mm para o eixo y; chumaceira guia inferior: 0,85 mm para o eixo x, 0,45 mm para o eixo y. Em condições transitórias (estrela, os valores são apresentados na tabela (III.4) e mostrados na figura (III-3) para os dois últimos arranques efectuados.

Quadro III-4: Resumo da segunda série de registos (arranque: 06/07)

Arranque	Eixos de medição	Medição da amplitude dinâmica [µm]			
		Fase diferente	PGS	PIVÔ/ROTADOR	IGP
Aceleração	X	0°	810	1804	1014
	Y		606	2224	893
Funcionamento em vazio	X	200°	810	1865	1013
	Y		606	2220	890
	X	198°	442	2033	840

Funcionamento em ralenti a quente	Y		338	2066	837
Corrida entusiasmada	X	192°	853	3223	1386
	Y		549	3283	1314
Corrida quente e animada	X	191°	454	3235	1303
	Y		322	3216	1314
Desaceleração	X	203°	827	1678	967
	Y		597	1963	896

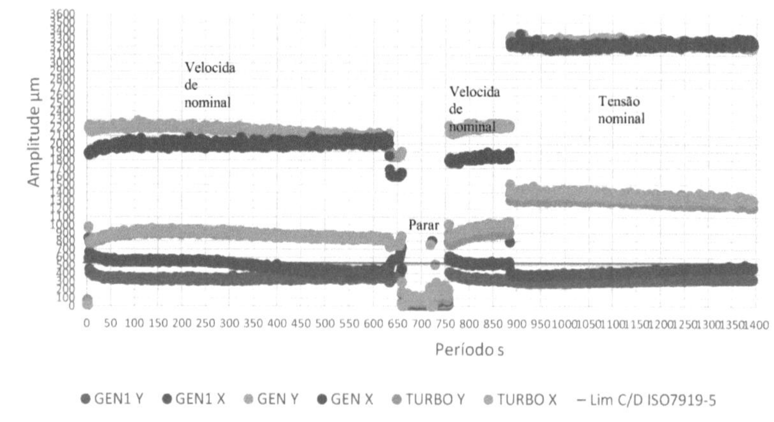

Figura III-3: Evolução (nuvem) dos valores dos deslocamentos globais (pico a pico) para os dois últimos levantamentos (06/07)

O estágio de tensão nominal na figura 4 tem um valor de amplitude maior em comparação com o estágio de velocidade nominal.

Os resultados da análise de conformidade indicaram desvios estatisticamente significativos entre os valores medidos e os valores normalizados a um nível de significância de 5% e uma velocidade rotacional de 107,1 rpm [15] da unidade turbina-gerador 5. Isto indica que as vibrações laterais excedem os limites especificados na norma nos quadros III-5, III-6, III-7 e III-8.

Quadro III-5: Valor da amplitude da chumaceira de guia superior na direção x medida e comparada com a norma em mm

Eixo(x)	PGS	Média	Desvio	Desvio²	Desvio	Padrão desvio	Padrão	ddl	t	valor de p
1	0,81	0,7	0,11	0,01	0,04	0,2	0,07	5	7,64	0,00**
2	0,81		0,11	0,2						
3	0,44		-0,27	0,07						
4	0,85		0,15	0,02						
5	0,45		-0,25	0,06						
6	0,83		0,13	0,02						

A diferença entre a média do valor medido da chumaceira de guia superior na direção x é de 0,7±0,2 e é altamente significativa em comparação com a norma.

Quadro III-6: Valor da amplitude do pivot/rotor na direção y medido e comparado com a norma em mm

Eixo (x)	PIVÔ	Média	Desvio	Desvio²	Desvio	Desvio padrão	Padrão	ddl	t	valor de p
1	1,80	2,31	-0,50	0,25	0,52	0,72	0,07	5	7,57	0,00**
2	1,87		-0,44	0,19						
3	2,03		-0,27	0,07						
4	3,22		0,92	0,09						
5	3,24		0,93	0,84						
6	1,68		-0,63	0,01						

A diferença entre a média do valor medido do pivô/rotor na direção x é de 2,31±0,72 e é altamente significativa em comparação com o padrão.

Quadro III.-7 : Valor da amplitude da chumaceira de guia inferior na direção x medida e comparada com a norma em mm

Eixo (x)	IGP	Média	Desvio	Desvio²	Desvio	Desvio padrão	padrão	ddl	t	valor de p

1	1,01	1,1	-0,07	0,01	0,04	0,21	0,07	5	11,82	0,00***
2	1,01		-0,07	0,01						
3	0,84		-0,25	0,06						
4	1,4		0,3	0,09						
5	1,30		0,22	0,05						
6	0,97		-0,12	0,01						

A diferença entre a média do valor medido da chumaceira de guia inferior na direção x é de $1,1\pm0,21$ e é altamente significativa em comparação com a norma.

Quadro III-8 : Valor da amplitude da chumaceira de guia inferior na direção y medida e comparada com a norma em mm

Eixo (y)	IGP	Média	Desvio	Desvioto²	Desvio	Padrão desvio	satandard	ddl	t	valor de p
1	0,89	1,02	-0,13	0,02	0,05	0 ,23	0,09	5	10,14	0,00**
2	0,89		-0,13	0,02						
3	0,84		-0,19	0,03						
4	1,31		0,29	0,08						
5	1,31		0,29	0,08						
6	0,89		1,02	0,02						

A diferença entre a média do valor medido da chumaceira de guia inferior na direção y é de $1,02\pm0,23$ e é altamente significativa em comparação com a norma.

III.2 Discussão

Para além da análise de conformidade que implica a comparação dos valores de amplitude medidos utilizando o teste t de Student com a norma, o resultado supramencionado está em conformidade com os requisitos de avaliação, tal como referido pelos seguintes investigadores: [3] no seu estudo sobre a segurança de funcionamento de grandes unidades geradoras hidroeléctricas no Japão Verificaram que as amplitudes duplas das vibrações horizontais (0,2 mm, 0,35 mm, 0,36 mm e 0,65 mm) e das vibrações verticais (0,29 mm, 0,3 mm, 0,89 mm e 1 mm) excedem significativamente a norma, que é de 0,07 mm para a amplitude horizontal e 0,09 mm para a amplitude vertical, a uma velocidade normal de 100-250 rpm em todas as condições de funcionamento. E também [5] nos seus ensaios de vibração para avaliar o estado da unidade hidráulica em diferentes modos de funcionamento na Áustria observa que os resultados das medições da amplitude de vibração e da análise de vibrações não mostraram um aumento acentuado nas amplitudes de vibração em comparação com as diretrizes sobre vibrações permitidas de tais máquinas rotativas, que pertencem ao grupo de máquinas 3 ISO 10816 e de acordo com a ISO 7919-5 para os valores de vibrações relativas.

Em primeiro lugar, as amplitudes médias do rolamento guia superior ao longo do eixo x apresentam um desvio de 0,7±0,2 mm em relação ao valor padrão permitido de 0,07 mm. Este desvio significativo indica uma não conformidade substancial e pode ter implicações no desempenho global da turbina. Amplitudes mais elevadas podem resultar em fricção excessiva, aumento da temperatura e ineficiência energética. Além disso, as amplitudes médias do pivô/rotor no eixo x apresentam um desvio de 2,31 ±0,72 mm em relação ao valor permitido de 0,07 mm. Esta diferença substancial pode indicar problemas graves de desalinhamento ou desgaste do pivot ou do rotor, que podem afetar a estabilidade e a fiabilidade da turbina. As amplitudes médias do rolamento guia inferior ao longo do eixo x também apresentam um desvio de 1,1± 0,21 mm em relação ao valor permitido de 0,07 mm. O desvio significativo pode sugerir problemas de precisão ou deformação no rolamento guia inferior, o que pode influenciar o desempenho e a durabilidade da turbina. Por último, mas não menos importante, as amplitudes médias da chumaceira inferior ao longo do eixo y apresentam um desvio de 1,02 ±0,23 mm em relação ao valor admissível de 0,09 mm. Esta diferença significativa pode refletir problemas de desalinhamento ou desgaste na direção y, que podem afetar a eficiência e a segurança da turbina. Estes desvios estatisticamente significativos entre as amplitudes medidas e os valores padrão levantam preocupações importantes relativamente ao desempenho e à conformidade do grupo turbina-alternador. Esses problemas potenciais podem levar à redução da eficiência energética, ao desgaste de componentes permeáveis, ao aumento do risco de falhas e a questões de segurança.

Conclusão

O estudo das vibrações laterais do gerador da turbina N° 5 da central hidroelétrica Inga 2 evidencia a importância crucial de uma gestão rigorosa do desempenho dos equipamentos. Após mais de 245.000 horas de funcionamento, esta unidade revelou problemas de sobreaquecimento, evidenciando a necessidade de revisões regulares e ajustes de alinhamento.

Os resultados da nossa análise comparativa, baseada em normas internacionais, identificaram as causas subjacentes às vibrações excessivas. Através de medições precisas e de uma análise estatística aprofundada, pudemos propor recomendações concretas para otimizar o funcionamento do gerador da turbina. Ao assegurar o funcionamento estável e seguro da turbina n.º 5, estamos não só a contribuir para a fiabilidade da central de Inga 2, mas também para o fornecimento sustentável de eletricidade limpa na República Democrática do Congo. Este estudo deverá servir de referência para as outras unidades da central, promovendo assim uma abordagem proactiva à gestão das vibrações e à melhoria contínua do desempenho.

O futuro da central de Inga 2 depende de uma vigilância constante e de uma vontade de inovar, garantindo assim uma produção sustentável de energia hidroelétrica para as gerações vindouras.

REFERÊNCIAS BIBLIOGRÁFICAS

1. Bawa MA, Tokan A, Salisu I. Investigação da falha frequente do pino de cisalhamento da palheta-guia da turbina hidráulica Francis da central hidroelétrica de Shiroro. Revista internacional de publicações de investigação, 2020; 57(1):44-46. DOI:10.47199/JRP100571720201326

2. Bofoya K. Estatística para economistas, curso e exercícios resolvidos. Kinshasa : 2010; 108-199

3. Yan ZG, Cui T, Zhou LT, Zhi FL, Wang ZW. Estudo sobre a segurança operacional de uma unidade geradora hidroelétrica de grande dimensão. Série de conferências IOP: ciências da terra e do ambiente. 2022; 15:2-4, discussão 3-4. DOI: 10.1088/1755-1315/15/2/02202.

4. Shen A, Chen Y, Zhou J, Yang F, Hongliang S, Cai F. Análise de vibrações hidráulicas e de possíveis fontes de excitação num sistema hidroelétrico. Applied science. 2021; 11: 5529-3. DOI: https://doi.org/10.3390/app11125529.

5. Saravanja D, Grbesic M. Vibration testing for assessing the hydro unit condition in different operating modes, Actas do simpósio internacional 31st DAAAM. Publicado por DAAAM international. Vienne, Áustria: 2020; 19-26, discussão 25. DOI: 10.2507/31st.daaam.proceedings.003.

6. Bucur DM, Dunca G, Calinoiu C. Análise experimental do nível de vibração de uma turbina Francis. IOP conference series : earth and environmental science. 2012; 15:1-10. DOI: 10.1088/1315/15/6/062056.

7. Huang R, An J, Luo X, Ji B, Xu HY. Simulação numérica das vibrações de pressão num tubo de sucção de uma turbina Francis com admissão de ar. Documento de conferência. agosto de 2014; 2-5. DOI: 10.1115/FEDSM2014-21444.

8. Zhou J, Chen Y. Discussão sobre a análise estocástica da vibração hidráulica em sistemas de desvio de água pressurizada e de energia hidroelétrica. Water. 2018; 10 :353-6. DOI:10.3390/w10040353.

9. Kim J-W, Kwak W-I, Choe B-S, Kim H-H, Suh S-H, Lee Y-B. Análise termodinâmica da vibração considerando a força hidroelétrica suportada por elementos rolantes numa turbina Francis de 500kW. Journal of mechanical science and technology. 2017; 31(11):5154-5159. DOI: 10,1007/sl2206-017-1009-0.

10. Lafaya de Micheaux P., Drouilhet R. e Liquet B. Software R: mastering the language of (bio) statistical analysis. Springer. 2014; 2: 1-578.

11. Lai XD, Liao GL, Zhu Y, Zhang X, Gou QQ, Zhang WB. Vibração lateral do rotor do hidrogerador com rigidez variável das chumaceiras de guia. Série de conferências IOP: ciências da terra e do ambiente. 2012; 15:1-15. DOI: 10.1088/1755-1315/15/4/042006.

12. Mohanta RS, Chelliah TR, Allamsetty S, Akula A, Ghosh R. Sources of vibration and their treatment in hydro power stations-a review. Enginnering science and technology, an international journal. 2016; 1-10. DOI: http://dx.doi.org/10.1016/j.jestch.2016.11.004

13. Zloto T, Pawel P, Prauzner T. Análise de sinais de sensores indutivos por meio do software Dasylab.Anales UMCS informatica AX XII. 2012, 1:31-37. DOI:10.2478/v10065-0005-3.

14. Ovadia-Blechman Z, Einav S, Zaetsky U, Toledo E, Eldar M. The area of the pressure-flow loop for assessment of arterial stenosis : a bew index. Technologiy and hearlth care. 2002; 42.

15. Consórcio Siemens-Neyrpic. Relatório de entrada em funcionamento da unidade de turbina-gerador 5. 1983; 2.2.

16. Revista ACEC. A central hidroelétrica de Inga II. 1983; 1-32.

17. Pravda, S.; Kostecky, V., Sebesta, R., Kurac, D., Lilko, J.; Barath, M. e Kotus, M. (2023).Vibration analysis of a v-belt drive in variable conditions of pulleys misalignment. Revista científica.

18. Shresta, R.; Pradhan, S.S.; Gurung, P.; Ghimire, A. e Chitrakar, S. (2021). Uma revisão sobre erosão e vibrações induzidas por erosão na turbina Francis. Série de conferências IOP: ciências da terra e do ambiente.

19. Junsson, P.P.; Nasselqvist, M.L.; Mulu, B.G. e Hogstrom, C.M. (2022). Procedimento para minimizar as vibrações do rotor de excitações induzidas pelo fluxo em turbinas Kaplan. Série de conferências IOP: ciências da terra e do ambiente

20. Sridharan, P. (2013). Previsão e controlo da vibração e cavitação do alternador da turbina em centrais hidroeléctricas. Revista australiana de ciências básicas e aplicadas.

21. Bureau of Reclamation Technical Service Center Mechanical Equipment Group, " Alignment of Vertical Shaft Hydro Units, Denver colorado, setembro de 2016.

22. Ballester, J.L. et Périllat,O. Estado do comportamento vibratório observado no parque de turbinas hidráulicas da EDF , EDF-DTG.

Índice

More
Books!

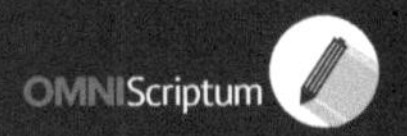

info@omniscriptum.com
www.omniscriptum.com
OMNIScriptum

Printed by Books on Demand GmbH, Norderstedt / Germany